Periodic Table of the Elements

Metals | Nonmetals | Metalloids

IA 1	IIA 2		IIIB 3	IVB 4	VB 5	VIB 6	VIIB 7	VIII 8	VIII 9	VIII 10	IB 11	IIB 12	IIIA 13	IVA 14	VA 15	VIA 16	VIIA 17	VIIIA 18
1 H 1.00797																		2 He 4.0026
3 Li 6.941	4 Be 9.0122												5 B 10.811	6 C 12.011	7 N 14.007	8 O 15.999	9 F 18.998	10 Ne 20.180
11 Na 22.9898	12 Mg 24.305												13 Al 26.9815	14 Si 28.085	15 P 30.974	16 S 32.06	17 Cl 35.453	18 Ar 39.948
19 K 39.098	20 Ca 40.08		21 Sc 44.956	22 Ti 47.867	23 V 50.942	24 Cr 51.996	25 Mn 54.938	26 Fe 55.845	27 Co 58.933	28 Ni 58.693	29 Cu 63.546	30 Zn 65.38	31 Ga 69.723	32 Ge 72.61	33 As 74.922	34 Se 78.96	35 Br 79.904	36 Kr 83.80
37 Rb 85.468	38 Sr 87.62		39 Y 88.906	40 Zr 91.224	41 Nb 92.906	42 Mo 95.96	43 Tc (98)	44 Ru 101.07	45 Rh 102.91	46 Pd 106.42	47 Ag 107.87	48 Cd 112.41	49 In 114.82	50 Sn 118.71	51 Sb 121.76	52 Te 127.60	53 I 126.90	54 Xe 131.29
55 Cs 132.91	56 Ba 137.33	57–70 Lanthanoids	71 Lu 174.97	72 Hf 178.49	73 Ta 180.95	74 W 183.84	75 Re 186.21	76 Os 190.23	77 Ir 192.22	78 Pt 195.08	79 Au 196.97	80 Hg 200.59	81 Tl 204.38	82 Pb 207.2	83 Bi 208.98	84 Po (209)	85 At (210)	86 Rn (222)
87 Fr (223)	88 Ra (226)	89–102 Actinoids	103 Lr (262)	104 Rf (267)	105 Db (268)	106 Sg (271)	107 Bh (272)	108 Hs (270)	109 Mt (276)	110 Ds (281)	111 Rg (280)	112 Cn (285)	113 Nh (284)	114 Fl (289)	115 Mc (288)	116 Lv (293)	117 Ts (294)	118 Og (294)

Lanthanoids	57 La 138.91	58 Ce 140.12	59 Pr 140.91	60 Nd 144.24	61 Pm (145)	62 Sm 150.36	63 Eu 151.96	64 Gd 157.25	65 Tb 158.93	66 Dy 162.50	67 Ho 164.93	68 Er 167.26	69 Tm 168.93	70 Yb 173.06
Actinoids	89 Ac (227)	90 Th 232.04	91 Pa 231.04	92 U 238.03	93 Np (237)	94 Pu (244)	95 Am (243)	96 Cm (247)	97 Bk (247)	98 Cf (251)	99 Es (252)	100 Fm (257)	101 Md (258)	102 No (259)

Typical pK_a Values by Functional Group

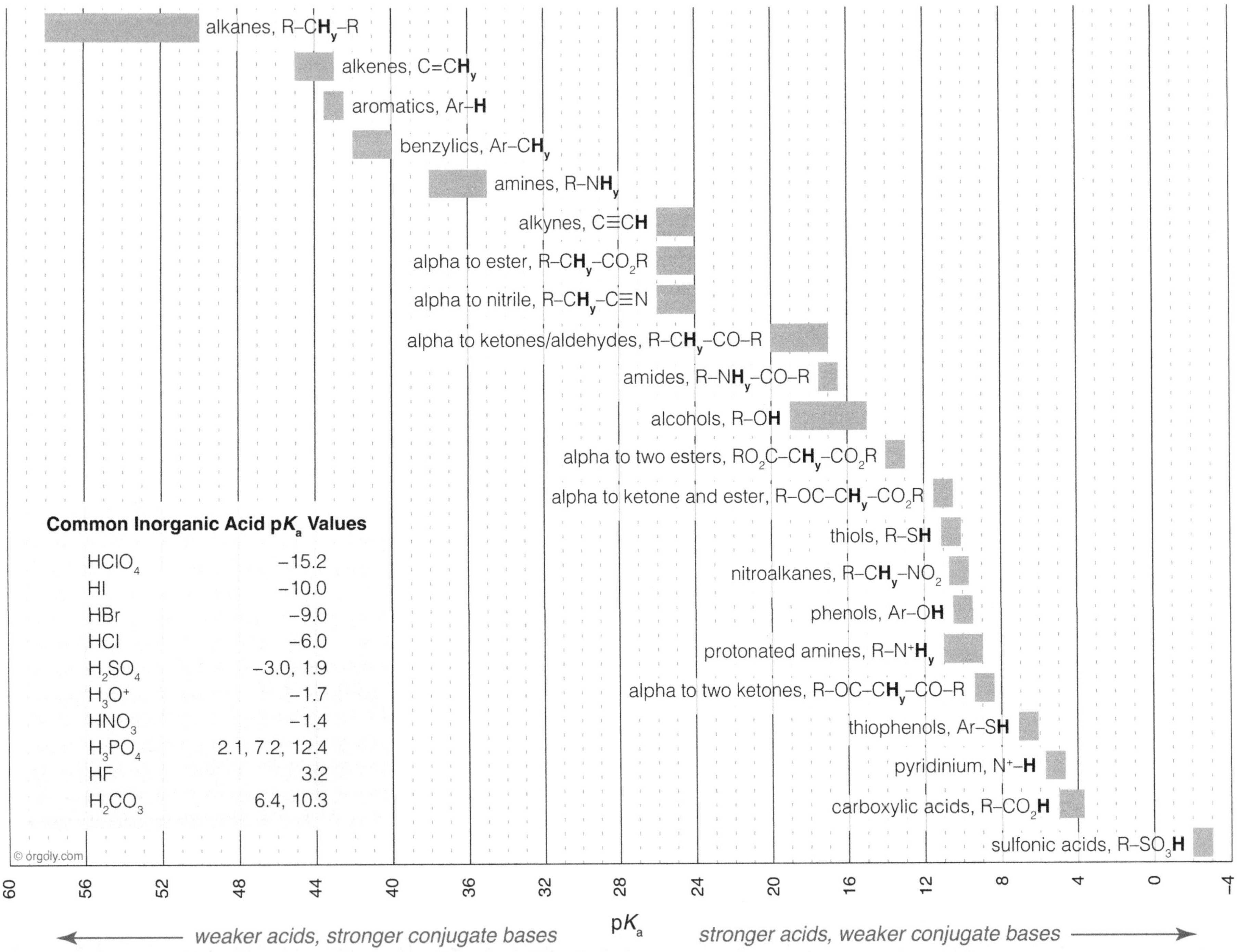

Common Inorganic Acid pK_a Values

$HClO_4$	−15.2
HI	−10.0
HBr	−9.0
HCl	−6.0
H_2SO_4	−3.0, 1.9
H_3O^+	−1.7
HNO_3	−1.4
H_3PO_4	2.1, 7.2, 12.4
HF	3.2
H_2CO_3	6.4, 10.3

Typical IR Frequencies by Functional Group

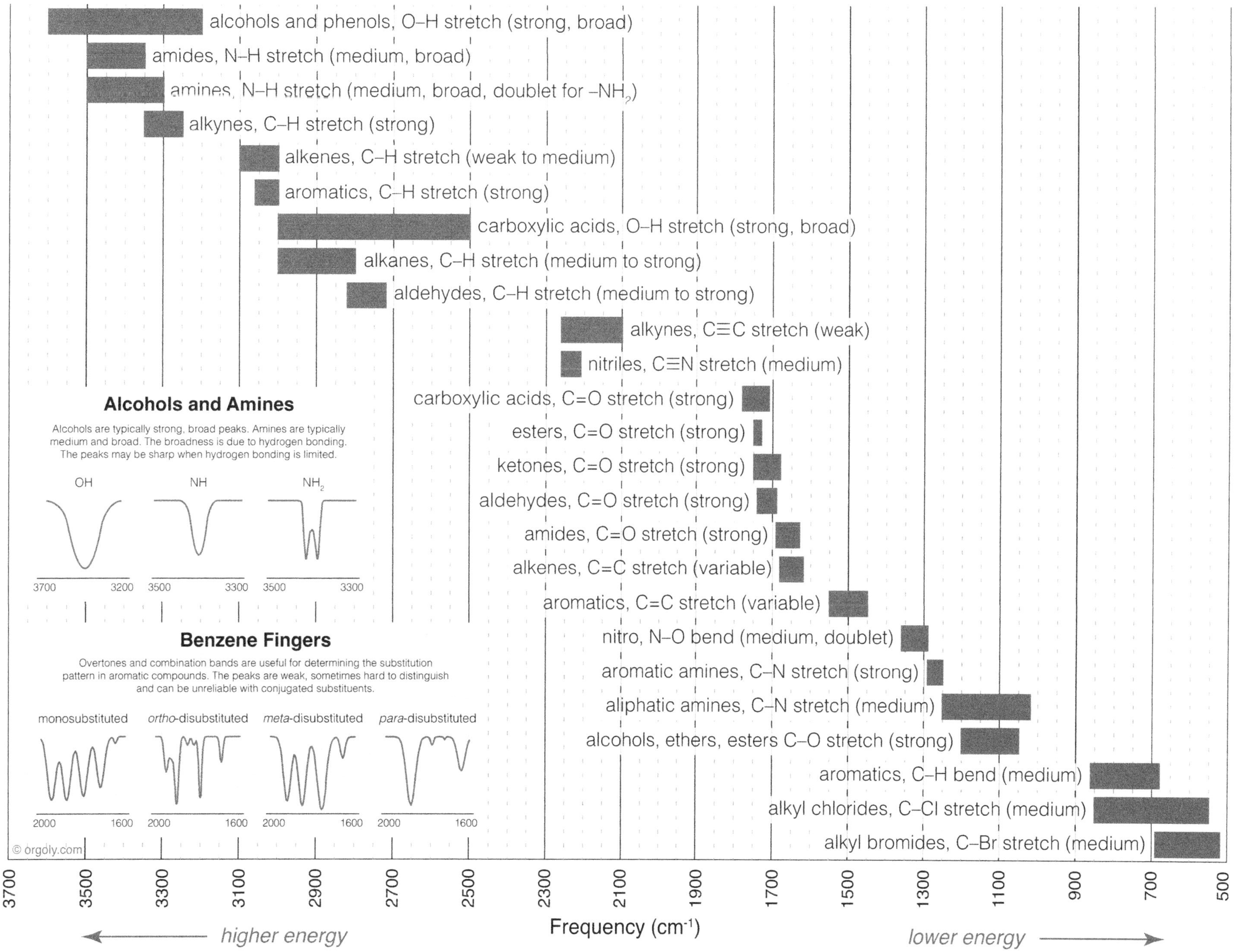

Typical ^{13}C NMR Chemical Shifts by Functional Group

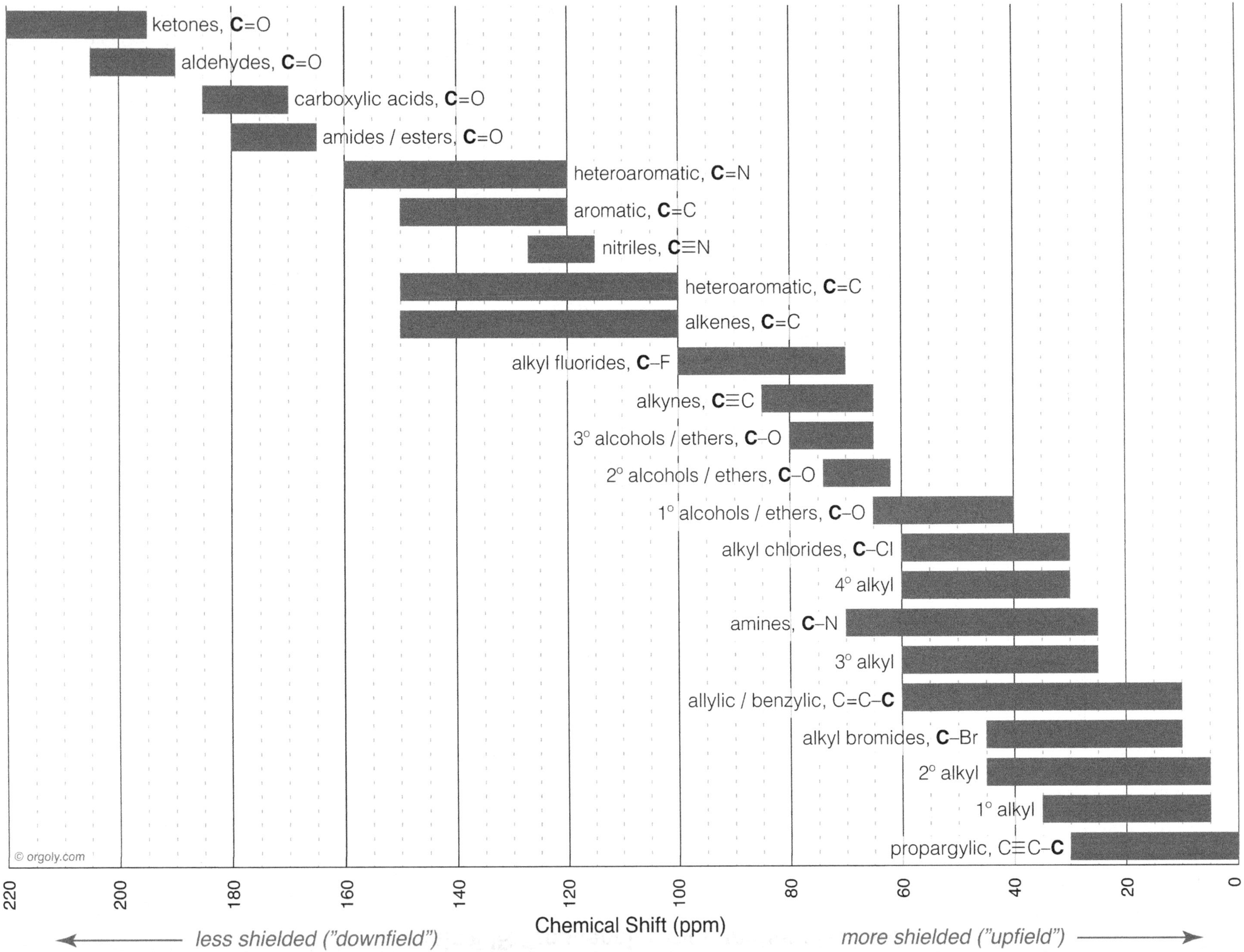

Typical ^{1}H NMR Chemical Shifts by Functional Group

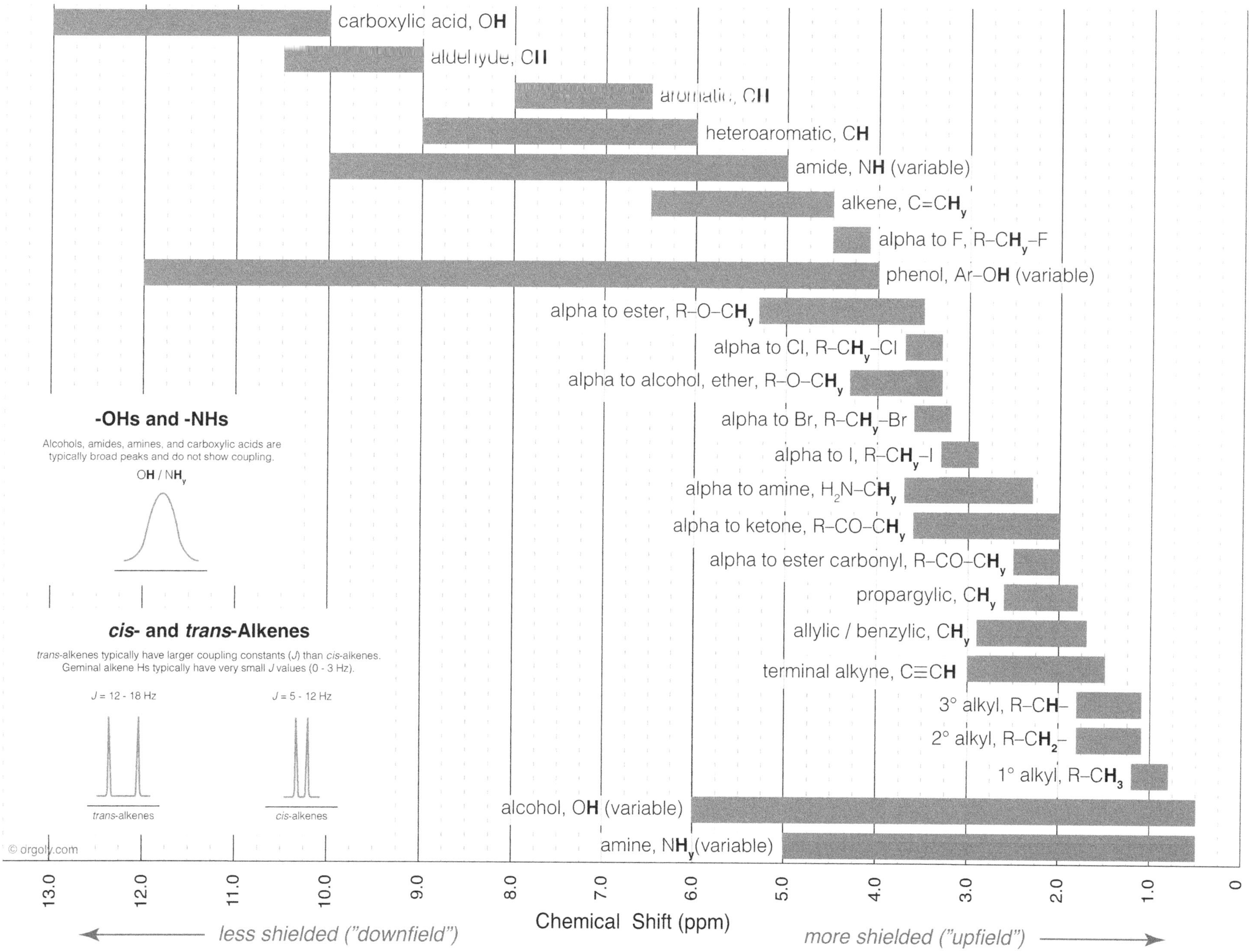

Made in the USA
Monee, IL
08 November 2026

67971101R00116